图书在版编目（CIP）数据

改变世界的十次伟大探险 / （法）克里斯蒂娜·高斯，
（法）菲利普·瓦莱特著；（法）洛朗·斯特法诺绘；孔
晓理译. -- 杭州：浙江教育出版社，2020.10
ISBN 978-7-5722-0397-8

Ⅰ. ①改… Ⅱ. ①克… ②菲… ③洛… ④孔… Ⅲ.
①探险－世界－普及读物 Ⅳ. ①N81-49

中国版本图书馆CIP数据核字(2020)第107834号

10 GRANDES EXPLORATIONS
Text by Philippe Vallette and Christine Causse
Illustrations by Laurent Stefano
© 2018 First published in French by Fleurus, Paris, France
Simplified Chinese translation rights arranged through The Grayhawk Agency
Simplified Chinese edition copyright © 2020 by United Sky (Beijing) New Media Co., Ltd.
All rights reserved.
浙江省版权局著作权合同登记号 图字：11-2020-104 号

改变世界的十次伟大探险
GAIBIAN SHIJIE DE SHI CI WEIDA TANXIAN

〔法〕克里斯蒂娜·高斯 〔法〕菲利普·瓦莱特 著
〔法〕洛朗·斯特法诺 绘
孔晓理 译

选题策划	联合天际
特约编辑	谭振健
责任编辑	赵清刚
装帧设计	浦江悦
责任校对	马立改
责任印务	时小娟

出　　版　浙江教育出版社
　　　　　杭州市天目山路 40 号 邮编：310013
　　　　　电话：(0571) 85170300-80928 网址：www.zjeph.com
发　　行　未读（天津）文化传媒有限公司
印　　刷　河北彩和坊印刷有限公司
字　　数　130 千字
开　　本　630 毫米 × 1020 毫米 1/8
印　　张　6.5
版　　次　2020 年 10 月第 1 版　2020 年 10 月第 1 次印刷
I S B N　978-7-5722-0397-8
审 图 号　GS（2020）2269 号
定　　价　98.00 元

声明：本书插图系原文插图。

未小读
UnRead Kids
和世界一起长大

未读CLUB
会员服务平台

北京大学文学博士、中国社会科学院文学所研究员杨早审读

改变世界的
十次伟大探险

重现精彩探险故事·回顾重大地理发现·细数杰出探险先驱

〔法〕克里斯蒂娜·高斯　〔法〕菲利普·瓦莱特　著
〔法〕洛朗·斯特法诺　绘
孔晓理　译

浙江教育出版社·杭州

目录

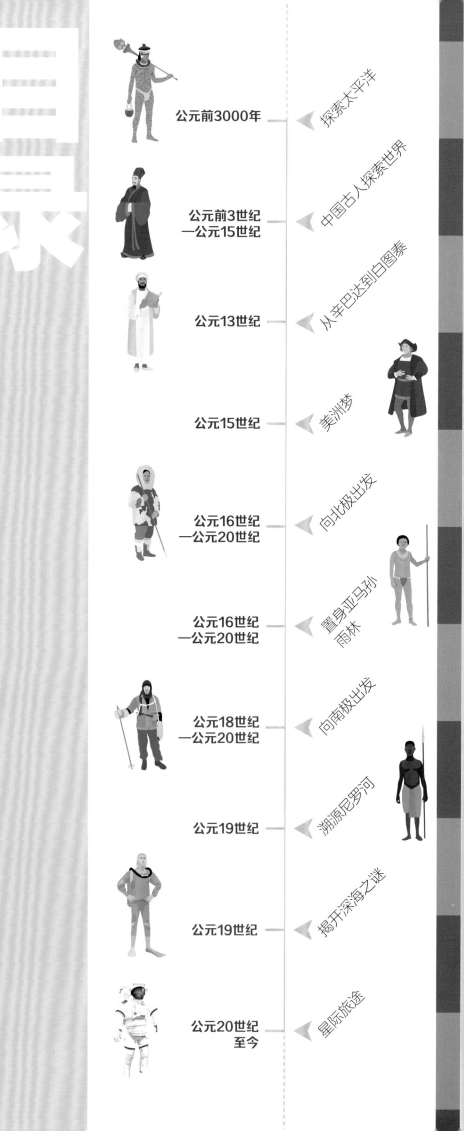

在好奇心、求知欲或征服欲的驱使下，人类总是充满动力地走向更远的地方，去看看地平线的另一边到底有什么。在过去的数个世纪里，人类已经走遍了所有陆地，其中包括南极大陆等非常遥远的地方；当然，还有大海深处。人类的脚步甚至已经到达了外太空。

这些伟大的探索之旅促进了农业、商业和科技的发展，至今仍造福着人类社会。今天，我们每一个人的生活，还有我们的民族和文化，都与这些不可思议的探险故事有着密切的关系。

探险家们让人类更加了解了脚下的这颗星球，如今我们已经知道：地球仍处于不断变化的状态之中，这里资源有限，而且极易遭受破坏。为了我们的后代，人类应该好好保护地球，维护其可持续发展。

克里斯蒂娜·高斯（Christine Caussea）
菲利普·瓦莱特（Philippe Vallette）

中 国

亚 洲

菲 律 宾

公元前2500年

加里曼丹岛

印 度 尼 西 亚

新几内亚岛
（伊里安岛）

所罗门群岛

公元前1500年

大

新喀里多尼亚岛

澳 大 利 亚

印 度 洋

新 西 兰

和棕榈叶制成的巨帆，缆绳由椰子树的纤维编织而成。为了保护船上的人免受风雨和海浪的袭击，有些木船还配有船舱。

大事年表

约公元前3000年—公元1000年	公元1722年4月6日	公元1768年
大洋洲人的祖先们探索太平洋。	荷兰航海家雅可布·罗赫芬（Jacob Roggeveen）登陆拉帕努伊岛，并将其命名为"复活节岛"。	法国探险家路易斯·安东尼·布干维尔（Louis Antoine de Bougainville）发现塔希提岛。

一艘满载的小船

带着各类必需的物资，大约 50 人登上了一艘双体木船，他们要前往荒岛安营扎寨。大海给这些大洋洲人提供了各种各样的鱼和贝类，他们还会在岛上种植蔬菜和水果。他们出发前往往会带上一些芋头、甘薯，椰子树和香蕉树的种子，还有一些动物，譬如鸡、狗和猪。

拉皮塔文化

拉皮塔人是太平洋上的居民。他们以黏土为原材料，制作出了带有各式花纹的陶瓷。这些陶瓷制品器型多样，装饰独特，而且工艺精湛。透过这些陶瓷，现代人得以找到那些从巴布亚新几内亚出发探险的先驱的足迹。但至今我们依然无法确定，拉皮塔人是不是所有大洋洲人（波利尼西亚人、美拉尼西亚人和密克罗尼西亚人）的祖先。

伴着星辰航行

大洋洲人的祖先是一群非常机敏的"航海家"。他们能记住一些较为明亮的星星的位置，在"星图"上辨认出方向。他们会依据风况、水流和太阳的位置来调整实际航行的船速和路线。即使没有地图，他们也能根据海水的颜色、从陆地漂来的碎屑等来判断大陆的位置。

追寻航海先驱的足迹

很长时间以来，专家们都在怀疑，那些波利尼西亚人在没有任何导航帮助的前提下，是否真的能够驾驶这些用石头、木头、贝壳等简单材料制造出来的小船去完

"黑夜降临，我们拿出小煤油灯，看到大大小小的海鱼被灯光吸引过来，争先恐后地聚集在小木筏下面。我们不止一次地听到，当同伴捕获到海鱼时，他在甲板上发出的尖叫……就这样，我们获得了丰盛的食材，鱼代替了烤鸡，我们拿油把它们炸一炸当作早餐……"

——《孤筏重洋》
托尔·海尔达尔，公元 1948 年

成如此高难度的航行。挪威人托尔·海尔达尔（Thor Heyerdahl）深信太平洋上的移民是从美洲出发的。公元 1947 年，他乘坐一艘由白塞木和竹子制成的仿古木筏，从秘鲁海岸出发，一路前行至南太平洋的图阿莫图群岛，历时 101 天。

复活节岛

约公元 400 年至公元 1200 年，大洋洲人来到了复活节岛。该岛距离最近的岛屿皮特凯恩群岛还有 2 000 多千米。这是地球上与世隔绝的地方之一。岛上的第一批居民用巨石凿出了人像——摩艾石像。全岛共发现石像约 900 座，平均高度约 4 米，大多都背向大海而立。在公元 16 世纪或公元 17 世纪的时候，由于森林被过度采伐或极端天气，很多石像被停止开凿。

探险进行时

公元 2016 年 5 月 28 日，各个领域的科学家们乘坐"塔拉号"帆船开始了对太平洋的科考之旅。两年多的时间里，他们在太平洋的岛屿间来往航行了约 10 万千米。他们此行的目的是研究珊瑚礁，以及气候变化带来的影响：或许将来的某一天，海平面的上升会使一些岛上的居民不得不离开自己的故乡。

双体木船

大洋洲人使用的双体木船，船体长约 15 至 20 米，最长的有 30 米。每艘船体都由一截树干凿空制成，中间由一块平台甲板连接。双船体的结构使船在水中能够保持较好的稳定性，不会轻易被水流冲走。甲板上高耸着桅杆

探索太平洋

公元前3000年，大洋洲人的祖先们离开新几内亚岛，登上小木筏向东扬帆出发，去探索世界上面积最大的大洋——太平洋。当时他们还不知道，他们即将探索的是一片广阔的水域，约占地球面积的三分之一。蔚蓝的海面上散布着数千个岛屿，仿佛断裂项链的粒粒珍珠镶嵌其中。

为了走得更远，大洋洲人的祖先们制造出以风帆和船桨为驱动力的双体木船。

每艘木船每次可以运载约50人，好几艘木船同时航行。每次出海都有数百人从一个岛屿转移到另一个岛屿，他们尽可能向东航行。但是每次航行都要冒着巨大的风险：有时会被海浪卷走，有时还得面对逆向的海风和可怕的暴风雨。

每当他们发现一个岛屿或是一片群岛，便会在那儿安营扎寨、种植庄稼、蓄养动物。从一个岛屿到另一个岛屿，他们通过交换食物，建立起了社会、经济关系。随着时光流逝，这些社会群体中逐渐建立起了王权制度，如汤加王国和萨摩亚王国。当一个岛上的居民人数太多、自然资源供不应求时，一部分人便会重新出发探险，移民到新的岛屿上去。

这段让人难以置信的探险历程分好几个时间节点进行：这些大洋洲人在约公元前1500年率先登陆所罗门群岛，随后是斐济群岛；五个世纪后，他们到达了汤加群岛及萨摩亚群岛；公元前200年，他们又到达了马克萨斯群岛。自此开始，他们逐渐在太平洋的社会群岛上居住下来。不过探险仍在进行——他们还分别登上了夏威夷群岛和复活节岛。还有一部分人朝着西南方向进发，在约公元1000年登陆了新西兰。说起来让人惊叹，这些大洋洲人在海上总共进行了三千多次探险！

大洋洲人

探险路线

时间　到达时间

夏威夷群岛

太　平　洋　洲

萨摩亚

斐济群岛

汤加

社会群岛（法）

马克萨斯群岛（法）

公元400年

公元400年

公元1000年

复活节岛（智）

公元1778年

英国人詹姆斯·库克（James Cook）船长发现夏威夷群岛，并称其为"三明治群岛"，后被当地土著杀害。

公元1788年

法国探险家拉彼鲁兹伯爵让-弗朗索瓦·德·加洛（Jean François de Galaup）在所罗门群岛附近失踪，从此杳无音信。

公元1826年

法国探险家迪蒙·迪维尔（Dumont d'Urville）探索新几内亚、新西兰和斐济群岛。

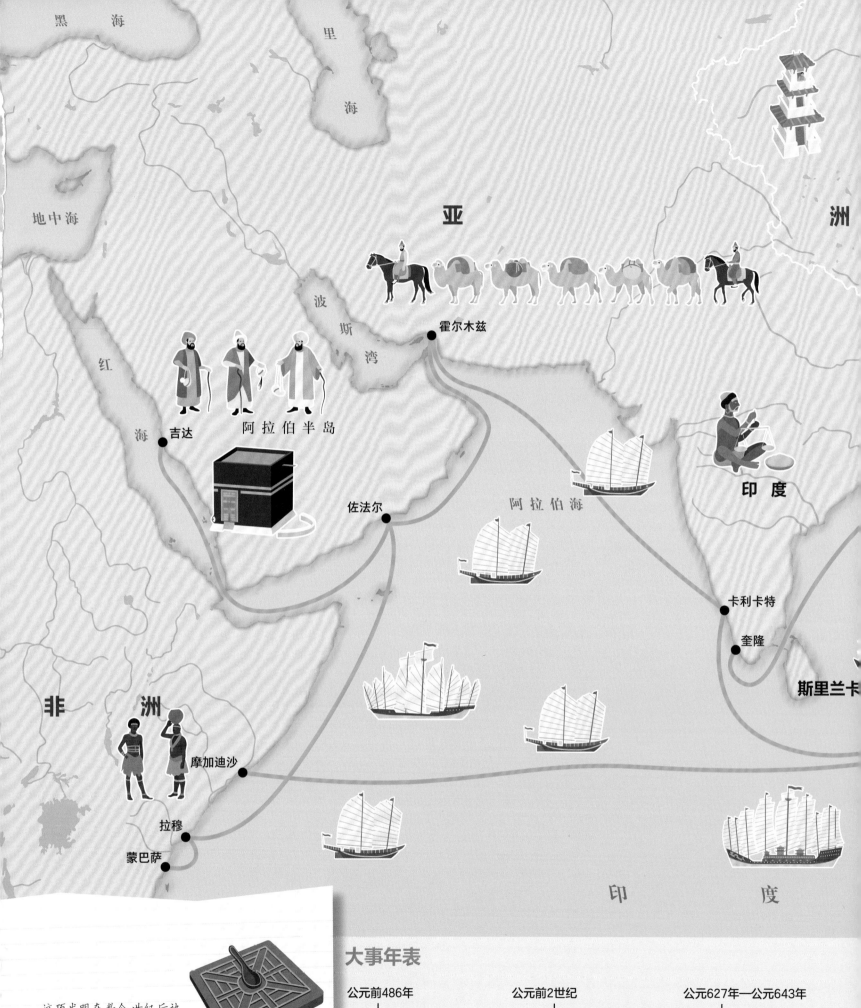

黑海

里海

地中海

亚　　　　　　洲

红海

吉达

阿拉伯半岛

波斯湾

霍尔木兹

印度

阿拉伯海

佐法尔

卡利卡特

奎隆

斯里兰卡

非　洲

摩加迪沙

拉穆

蒙巴萨

印

度

这项发明在数个世纪后被航海家进一步完善，并运用在航海活动中。

大事年表

公元前486年

吴王夫差开凿淮扬运河，贯通长江和淮河。

公元前2世纪

博望侯张骞出使中亚、印度和欧洲，与亚洲其他国家开始贸易往来。

公元627年—公元643年

僧人唐玄奘从中亚和印度带回佛教手稿并翻译成中文。

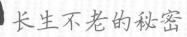

长生不老的秘密

在中国传说中，东海上有三座群山起伏的仙岛，岛上生长着神秘的植物，可以使人长生不老。仙岛上住着一位知晓长生不老之术的智者。秦始皇决定派徐福方士前往三座仙岛，希望能带回几株不寻常的植物。然而这一任务十分艰巨，徐福还说在他第一次出海的返程途中，遇到了一条龙，还遭到了鲨鱼的袭击。于是秦始皇为其配备了弓箭手并令其再次出发，然而还没等到长生不老的灵丹，秦始皇便于次年去世了。至于徐福和他的船队，则再也没有回到中国。

宝船

中国古人精通造船之术。木制的平底船舱配以数根桅杆，桅杆上高高悬挂着由棉布制成的船帆。

郑和下西洋所用的船只每艘都有 50 至 60 米长（哥伦布的帆船仅 30 米），并且可以装载数百人。这些船只被称为"宝船"，是因为它们装载了数不清的宝物，还有马匹、家畜、瓷器以及珍贵的丝织品等。这些宝物都是郑和下西洋时赠送给当地首领和达官贵人的礼物。

中国贸易的蓬勃发展

与其他国家的接触，既为中外经济交流提供了契机，同时也能让灿烂辉煌的中华文化发扬光大。秦汉时期，中国就开始从印度等亚洲地区进口香料和羊毛。公元前 2 世纪，西汉使者张骞率领一支载满丝绸的沙漠商队穿越中亚等地区，交换当地产物，如芝麻、葡萄等，开辟了中欧之间的丝绸之路。公元 1130 年，中国在非洲地区开设了第一批商行。

"其海边水内常有鼍龙伤人。其龙高三四尺，四足，满身鳞甲，背刺排生。龙头獠牙，遇人即啮。"

——《瀛涯胜览》

马欢（明代通事，随郑和三次下西洋），公元 1430 年，此处其忆起在马来西亚看到的鳄鱼

来自非洲的"宝藏"

公元 1412 年，朝廷下令修葺塔寺，用来收藏和展示郑和从海外带回来的珍宝。当船队统领到达一个新的国家时，往往会带去奢华的货物，当然也会收到意想不到的回礼。郑和到达非洲时，被赠予了一头长颈鹿。长颈鹿被船运回中国时，引起了极大轰动，人们跪在它的面前诵经祈祷。在当时明朝人的眼里，眼前的这个长脖子动物是麒麟的化身，是一种能给他们带来好运的神兽！

探险进行时

中国有意联合美国、欧盟等国家来增强航天实力。中国的宇航员们应该很快就能在自己国家的空间站里绕地球航行。中国第一个真正意义上的空间实验室"天宫二号"已于公元 2016 年 9 月 15 日在酒泉卫星发射中心成功发射。

 ## 指南针

公元 1 世纪，中国人发明了指南针。当时的指南针又叫"司南"，被制成勺子的形状，放置在象征着地球的光滑盘子上，勺柄指向南方。

中国古人探索世界

公元前 219 年和公元前 210 年，中国历史上第一位皇帝——秦始皇，两次派方士徐福率领一支约 60 艘船组成的船队，携童男童女数千人，出海东渡。在古代传说中，他有一项任务，便是去寻找长生不老之术。然而徐福在他的第二次探险中却销声匿迹了，有些人认为他到达了日本并在那里定居，传播中国传统的医术。今天，在日本境内还有许多纪念徐福的雕像。

公元 15 世纪，郑和开启了中国航海探险的新篇章。郑和出生在中国西南部的一个回族家庭，幼时在战争中被俘，后入宫侍奉当时的王爷朱棣。后来他才学渐长，逐渐取得了朱棣的赏识并被视为心腹。

公元 1405 年，明成祖朱棣任命郑和为明朝水军统领。郑和肩负着重要使命，率领约 200 艘船出发——与别的国家建立经济、外交关系，让他们了解大明王朝的实力。一行人到达了爪哇国、越南、泰国、婆罗洲岛等地。公元 1409 年，郑和第三次下西洋，到达印度。在返回的途中，与锡兰国王亚烈苦奈尔（维贾雅巴胡六世，Vijayabahu Ⅵ）交锋并取得了战争的胜利。公元 1413 年，郑和出发前往非洲，并横渡波斯湾。公元 1418 年，郑和航行至非洲东部海岸。

28 年间，明朝水军在南海上来回数次，航行共计 30 000 多千米。在七次下西洋的过程中，郑和代表明朝与 30 多个国家的首领建立起密切的联系，使得中国在当时的世界舞台上大放异彩。

日本海

日本

黄海

中国

北京

南京

东海

泉州

台北

吉大港

孟加拉湾

阿瑜陀耶

归仁

南海

吕宋岛

菲律宾

太平洋

亚奇

苏门答腊岛

巨港

印

度

尼

西

亚

加里曼丹岛

文莱

爪哇岛

洋

徐福东渡航线

郑和下西洋航线

大洋洲

公元1271年

年仅17岁的马可·波罗（Marco Polo）离开威尼斯，经丝绸之路来到中国，历时4年，行程11 000多千米。

公元1328年—公元1339年

汪大渊两次航海，沿东南亚海岸到达印度、斯里兰卡和非洲。

公元1488年

葡萄牙航海家巴尔托洛梅乌·迪亚士（Bartolomeu Dias）到达非洲南端好望角，进入印度洋。

大

欧 洲

西班牙

黑 海

阿斯特拉

伊斯坦布尔

大不里士

格拉纳达

地

大马士革

巴格达

丹吉尔

阿尔及尔

中

伊斯法

非斯

海

亚历山大

耶路撒冷

巴士拉 设拉

马拉喀什

开罗

波

西

斯

红

麦地那

瓦拉塔

麦加

阿拉伯半岛

通布图

海

亚丁

巴马科

摩加迪沙

非 洲

洋

蒙巴萨

基尔瓦

大事年表

约公元835年—公元840年

《辛巴达历险记》问世，收录于阿拉伯神话故事《一千零一夜》。

约公元896年—公元956年

阿拉伯作家马苏第（Al-Mas'ūdī）游历中东、南亚和非洲东海岸。

公元921年

阿拉伯史学家伊本·法德兰（Ibn Fadlan）受阿拔斯王朝哈里发（caliph）任命前往俄罗斯。

阿拉伯商行

早在公元 9 世纪，阿拉伯人就掌握了航海和造船的技术，他们驾驶着阿拉伯传统帆船在阿拉伯半岛、马达加斯加岛、印度和中国之间来回穿梭。在东非海岸和阿拉伯地区，他们还开设了许多大的商行用来交换商品，买卖黄金、象牙、马匹、各种香料，还有奴隶。

"沙漠之舟"

为了穿越广袤的干旱沙漠和草地，阿拉伯人早在几千年前就已经开始驯养单峰骆驼了。这是一种非常耐旱、抗热的动物。牵骆驼的人会让他们的骆驼在沿途的水井边和干草牧场里吃饱喝足。这些骆驼驮着黄金、盐等货物，在阿拉伯人的牵引下，穿过沙漠或取道丝绸之路到达中亚。他们往往群体出动，数千人带着约两千头骆驼一起前行，这是为了抵御途中可能遇到的袭击和抢劫。

印度使节

伊本·白图泰在公元 1333 年到达印度，担任了八年德里苏丹国的使节。之后，他被任命出使中国，并带上了许多赠礼，有纯种骏马、黄金、武器、奴隶、珍珠配饰的服装等。然而旅途并不顺利，伊本遭到海盗的袭击，被洗劫一空。尽管他保住了性命，但那艘装满礼物的船却沉没了。

"我们正处在最寒冷的冬天。当我用水洗脸时，水一碰到胡子就结上了冰，轻轻一摇，冰屑直掉。冻得我鼻涕直流，落在胡子上又结成了冰。由于身上穿了太多衣服，我没办法自行上马，还需要同伴们把我推上去。"

——《伊本·白图泰游记》

"非洲人莱昂"哈桑

公元 1488 年，哈桑（Hasan al-Wazzan）出生于格拉纳达。公元 1492 年，他和家人一起流亡到摩洛哥。20 岁的时候，他作为使节前往埃及、伊斯坦布尔、通布图及乍得湖。公元 1517 年，他被西西里海军抓捕并送往意大利，教皇利奥十世（Pope Leo X）把他收入麾下，改名换姓为让·莱昂。从此哈桑开始信奉基督教，学习意大利语和拉丁文，同时教授阿拉伯语。后来他离开了意大利，定居突尼斯，重新信奉伊斯兰教。

探险进行时

公元 2009 年，考古学家谢丽尔·沃德（Cheryl Ward）复原了一艘约公元前 1500 年古埃及法老哈特谢普苏特（Hatshepsut）时期的船只，名叫"沙漠之民"。这位女法老发起了历史上最早一次对红海的探险，并在非洲沿岸建立起第一条贸易路线。

卡马尔（kamal）

公元 10 世纪，阿拉伯人发明了"卡马尔"，它使人们可以根据星星来确定自己的位置。这个工具由一块木板和打着绳结的绳子组成。通过校准地平线和北极星之间的夹角，我们可以根据从绳子末端到木板的绳结数来计算纬度。

伊本·白图泰（阿拉伯语）

从辛巴达到白图泰

约公元 10 世纪，童话《一千零一夜》里的主角"辛巴达"的后代——阿拉伯人就已经跟其他地区开始贸易往来了。他们绵延不绝的骆驼商队走遍了非洲大陆。他们还驾驶着小帆船，迎着印度洋和南海的海风，前往亚洲各港口交换黄金、奴隶和货物。

而伊本·白图泰（Ibn Baṭūṭah）的目的则完全不同。公元 1325 年，这个 20 岁左右的柏柏尔人出发前往麦加朝圣。正是这次朝圣开启了他的航海生涯，此后他还前往欧洲、亚洲等地，甚至到了太平洋。28 年间，他靠步行、骑骆驼、骑马、乘船、坐雪橇等方式，完成了 120 000 多千米的旅程！后来他在著作《伊本·白图泰游记》里详细记录了旅程中的细节。

他还加入了一些沙漠商队，沿着北非海岸，途经突尼斯和埃及，随后到达耶路撒冷和大马士革。公元 1330 年，他到达俄罗斯草原地区，他把这一地区称为"黑暗之地"，因为白天只有短短几个小时。由于他精通阿拉伯语，一些信奉伊斯兰教的蒙古地区的首领对其赞赏有加。他后来还去了印度和中国，在那里他惊讶地发现人们已经开始使用纸币了。

公元 1347 年（一说公元 1349 年），为了躲避黑死病，他重新回到了家乡摩洛哥。他在游记中记载道：这场瘟疫从西非一直蔓延到通布图，在埃及，一天之内死亡人数竟高达 24 000 人。

伊本·白图泰于公元 1369 年（一说公元 1377 年）逝世于摩洛哥。他走过了 40 多个国家，总行程是马可·波罗的三倍之多！

亚

咸海

撒马尔罕

喀布尔

洲

中　国

北京

德里

泉州

广州

印　度

卡利卡特

阿拉伯海

吉大港

孟加拉湾

斯里兰卡

南　海

马尔代夫

新加坡

加里曼丹岛

苏门答腊岛

印　度　洋

公元1138年

阿拉伯地理学家阿尔·易德里斯（Al Idrissi）编写《一个想周游世界者的愉快旅行》。

公元1490年

达·伽马（Vasco da Gama）的阿拉伯向导，航海家、作家伊本·马吉德（Ibn Mājid）编写了一部关于航海和海洋科学的百科全书。

公元1922年—公元1923年

埃及人艾哈迈德·哈桑内·帕夏（Ahmed Hassanein Pasha）带领探险队从开罗前往苏丹，考察当地的自然和人文环境。

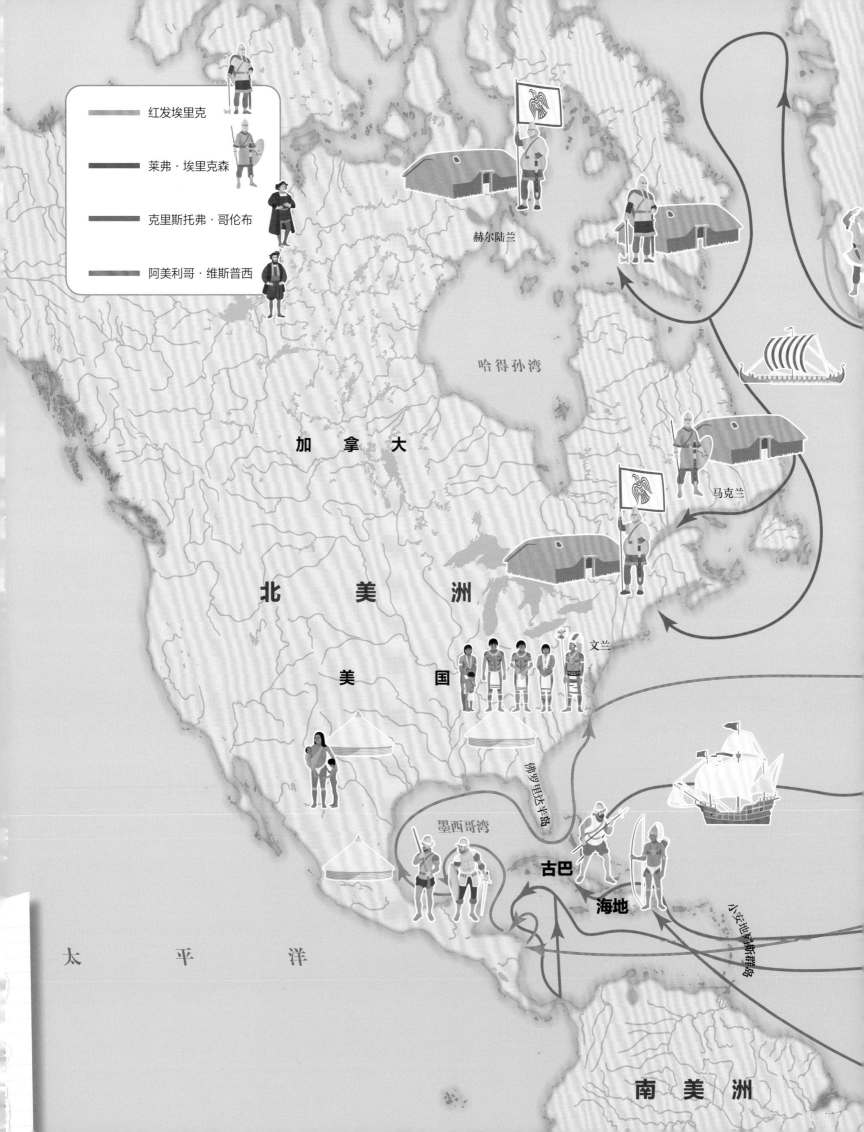

图例说明：

- 红发埃里克
- 莱弗·埃里克森
- 克里斯托弗·哥伦布
- 阿美利哥·维斯普西

赫尔陆兰

哈得孙湾

加 拿 大

北 美 洲

美 国

文兰

马克兰

佛罗里达半岛

墨西哥湾

古巴

海地

小安地列斯群岛

太 平 洋

南 美 洲

珍贵的香料

从公元 15 世纪开始，香料受到欧洲贵族们的青睐，各国都在竞争抢夺，以致当时的香料价格很高，有时甚至可以代替黄金。西班牙人从美洲获取香料，而葡萄牙人则从印度及印度洋上的岛国获取。公元 1600 年，英国成立东印度公司，法国、荷兰紧随其后，相继垄断欧洲香料贸易。

"魔藻之海"

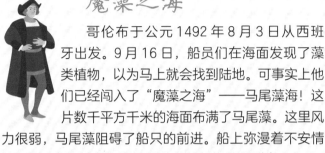

哥伦布于公元 1492 年 8 月 3 日从西班牙出发。9 月 16 日，船员们在海面发现了藻类植物，以为马上就会找到陆地。可事实上他们已经闯入了"魔藻之海"——马尾藻海！这片数千平方千米的海面布满了马尾藻。这里风力很弱，马尾藻阻碍了船只的前进。船上弥漫着不安情绪，水手们嘟囔着，说是他们的船长把他们引向了死亡。哥伦布决定改变航线，跟着天上的海鸟走。10 月 12 日，船上终于响起一片欢呼声："快看啊！陆地！"

印度航线

公元 1498 年，葡萄牙航海家达·伽马终于穿越印度洋到达了印度。与他同行的还有迪亚士——公元 1488 年到达好望角的欧洲第一人。经过一年的航行，达·伽马抵达印度的港口城市卡利卡特，尝试与当地贵族建立贸易关系。然而阿拉伯商人已经进驻当地，竞争无可避免。

地球是圆的

公元 1519 年 8 月 10 日，由葡萄牙航海家斐迪南·麦哲伦（Ferdinand Magellan）率领的船队，从西班牙的塞维利亚港驶出，开启了环球之旅。麦哲伦的船队由 5 艘船、约 270 人组成，越过大西洋后，沿着美洲大陆沿岸，一路航行到巴塔哥尼亚地区，并绕过南美大陆进入太平洋。公元 1521 年，麦哲伦到达菲律宾并在当地遇害，所有船员最终只有 21 人死里逃生，他们于公元 1522 年回到西班牙。这是历史上第一次海上环球之旅，并且证实了地球是圆的！

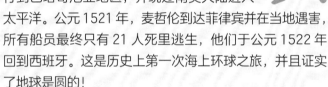

"这座岛（海地）及其他附属岛屿均属于卡斯提尔王国。当地居民竟如此随和，以至我们让他们做什么，他们便做什么……他们没有武器、赤身裸体……我们认为，他们完全可以胜任我们布置的工作，去播种或是做其他任何有用的事情……这个世界上没有比他们更加平和的人了，他们应该会很乐意接受基督教，学习优良的风俗习惯。"

——《航行日记：发现美洲》

克里斯托弗·哥伦布，公元 1492 年—公元 1493 年

博学的探险家们

公元 15 世纪开始的地理大发现使人们更好地认识了世界。探险家们所描绘的植物、动物，以及全新的人种，都激发了人们的好奇心。从公元 1750 年开始，一些社团开始出现，这些社团云集了当时顶尖的地理学家、天文学家和博物学家等，他们一起展开了更多的科学探索。

探险进行时

根据目前科学界的估计，地球上存在约 1 300 万种生物，其中人类已知的大概有 200 万种。自然历史博物馆及其他组织正在开展多种科研活动，来研究海洋、极地和热带雨林中的未知生物。由于栖息地被污染和破坏、全球气候变暖等因素的影响，有些生物正濒临灭绝。

深受欢迎的异域植物

探险家们旅行归来，带回了许多当时欧洲人从未见过的罕见植物，其中包括各种香料，如胡椒、桂皮、肉豆蔻、辣椒和香草等；还有可可、甘蔗、咖啡豆和烟草等经济作物。如今看来这些植物是再普通不过了，然而在当时却改变了欧洲人的生活方式，并为葡萄牙、西班牙、法国、英国、荷兰等国的贸易来往打下了基础。

美洲梦

地理大发现始于公元 15 世纪。因为从东方运输香料的陆上商路历经多次阻断，所以欧洲人开始寻找通往亚洲的快捷水路。在当时，欧洲、非洲和亚洲各地区之间已经开始贸易往来，而关于神秘的美洲却没有任何记载。谁将在这片新大陆上插上第一面旗帜呢？

或许很早以前，中国人出海远航时就曾到达美洲地区，然而这一假设遭到了许多历史学家的质疑。但可以肯定的是，维京人最早在美洲"安营扎寨"，比克里斯托弗·哥伦布（Christopher Columbus）还要早五个世纪！大约在公元 8 世纪，他们就驾驶着饰有龙头的船只，在大西洋上来回穿梭。他们在今天的法国和英国等地大肆抢掠、制造恐慌，还占领了冰岛和格陵兰岛。约公元 1000 年，莱弗·埃里克森（Leif Ericson）到达北美大陆，并命名了他发现的地区，如赫尔陆兰（Helluland）、马克兰（Markland）、文兰（Vinland）等。由于不断遭受当地原住民的攻击，维京人最终放弃了在此定居。公元 1492 年，哥伦布打算穿越大西洋到达印度。这次探险由西班牙王室资助，一共派出 3 艘船。到达巴哈马地区时，他以为自己已经来到了目的地，并把当地人称为印第安人。随后他还到达今天的古巴和海地，其中一艘船因触礁搁浅在此。他把印第安人、当地的植物、鹦鹉和珠宝带回西班牙，在当时引起了极大轰动。

公元 1493 年，哥伦布率船 17 艘、1 200 余人及家畜再次出发，前往安的列斯群岛建立殖民地。然而殖民者与印第安人的关系的紧张程度日益加剧，哥伦布只好作罢，返回西班牙，之后，再也没能找到前往印度的航道。

"美洲"是以阿美利哥·维斯普西（Americus Vespucius）的名字命名的。效力于西班牙王室的他，最早绘制出美洲地图，并将这片土地称为"新大陆"。从此，世界地图发生了改变……

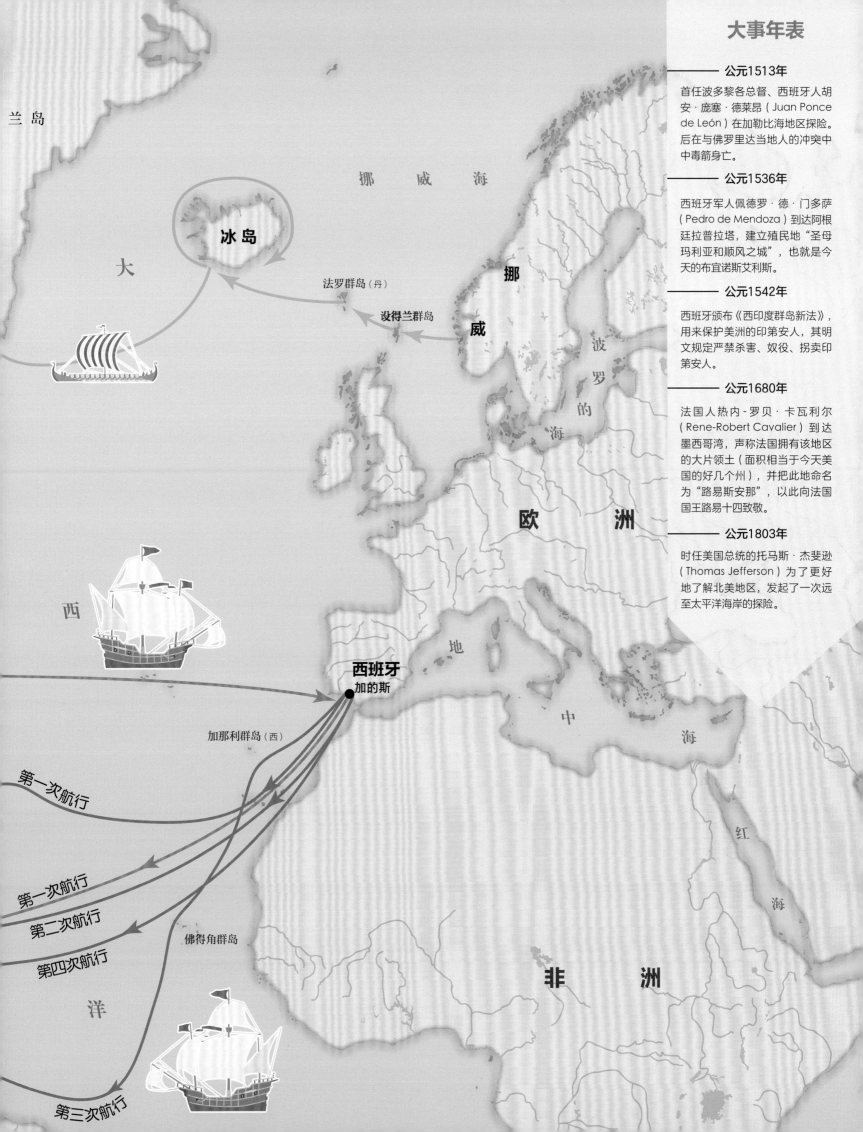

兰 岛

挪 威 海

冰 岛

大

法罗群岛（丹）

设得兰群岛

挪

威

波

罗

的

海

欧 洲

西

地

西班牙
加的斯

中

海

红

海

加那利群岛（西）

第一次航行

第一次航行

第二次航行

第四次航行

佛得角群岛

洋

非 洲

第三次航行

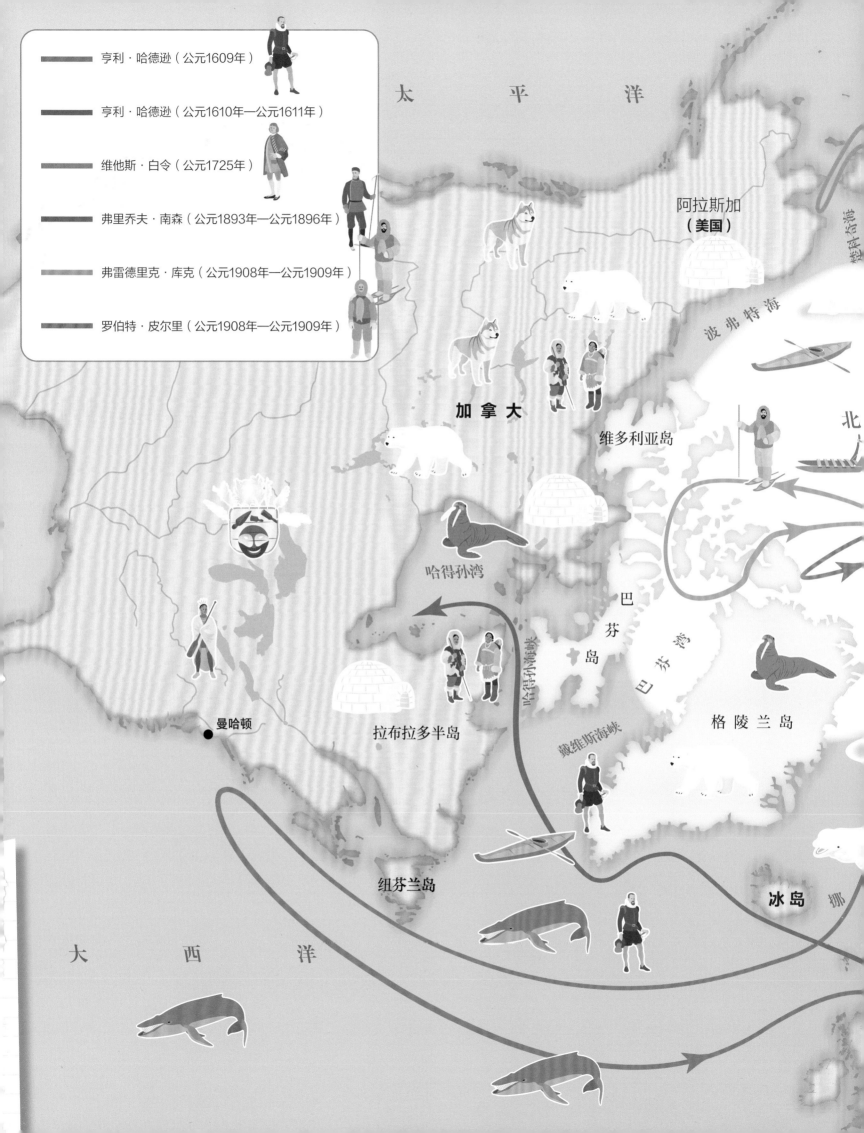

亨利·哈德逊（公元1609年）

亨利·哈德逊（公元1610年—公元1611年）

维他斯·白令（公元1725年）

弗里乔夫·南森（公元1893年—公元1896年）

弗雷德里克·库克（公元1908年—公元1909年）

罗伯特·皮尔里（公元1908年—公元1909年）

太 平 洋

阿拉斯加
（美国）

波 弗 特 海

加 拿 大

维多利亚岛

北

哈得孙湾

巴芬岛

巴 芬 湾

曼哈顿

拉布拉多半岛

戴维斯海峡

格 陵 兰 岛

纽芬兰岛

冰 岛

大 西 洋

在北极生存

探险家们出发前往北极时会带上食物、帐篷、雪橇等工具甚至武器。在那里，他们得面对低至零下68摄氏度的气温、暴风雪以及北极熊的袭击。能否填饱肚子对他们来说也是一大挑战：当他们捕获不到海豹时，只好把拉雪橇的狗给宰杀了用于充饥。想在北极过冬实在太艰难了，很多人因为饥饿和疾病，在北极丢掉了性命；还有人因为极地强烈的太阳光反射而失明。

西北航道

公元1829年，英国人约翰·罗斯（John Ross）和他的侄子詹姆斯·克拉克·罗斯（James Clark Ross）在巴芬湾探险，研究西北航道。他们的船在海上被浮冰困了四年，但詹姆斯·克拉克·罗斯还是设法发现了地磁北极的位置。公元1850年，英国人罗伯特·麦克卢尔（Robert McClure）穿过白令海峡，船只不幸被浮冰所困，后来被一艘从西驶来的船只所救，并从东方返回，证明了西北航道的存在！

富兰克林的探险悲剧

公元1845年，英国人约翰·富兰克林（John Franklin）和135名船员登上"幽冥号"和"惊恐号"，向北极出发。此后船队便下落不明，消失前的最后一次露面是在巴芬湾与其他船只相遇。为了寻找他们的踪迹，人们派出了十数次搜索队，均无功而返。公元1850年，人们在威廉王岛上发现了富兰克林副手的手稿，上面写着富兰克林于公元1847年去世，他的船队遭遇冰困、粮食短缺……而幸存者曾试图往南逃生。他们的遗体最终于公元1859年被找到。

探险进行时

随着全球气候变暖，到公元2030年，北冰洋的冰川或许会在夏季全部融化。到那时，北冰洋将成为远航运输的必经之路，一些企业可能会前往开采石油，而这样的举动无疑会增加环境污染的风险。冰川一旦消失，地球反射太阳光的功能也将受损，气候变暖的速度怕是会进一步加快！

"我们的生活多么单调呀！日复一日，我们总是面临着同样的困难，干着没有尽头的苦差事……我们一直期盼着能到达这可怕浮冰的尽头，可我们能看到的始终只是无边无际的苍白景象。我们不知道身在何处，也不知道这种情况何时才会结束。我们的食物在减少，而雪橇犬一只接一只地被我们宰杀。"

——《穿越北冰洋》

弗里乔夫·南森原著，查理·拉博特编译，公元1897年

因纽特人

距今约10 000年前，起源于西伯利亚的因纽特人就跨越了当时冰封着的白令海峡，来到阿拉斯加。他们选择游牧这种生活方式，是为了适应北极地区的自然条件。他们穿着毛皮制成的衣服，靠捕猎鱼类和海洋哺乳动物为生，住着雪屋和帐篷，以雪橇为交通工具。很多探险家最终能够在北极幸存下来，都多亏了因纽特人的帮助。

捕鲸

公元17世纪的时候，捕鲸成为当时欧洲一项非常重要的经济活动。鲸的肉、皮、油、须、骨，全都能够派上用场。捕鲸人在格陵兰岛和巴芬岛地区围捕北极鲸，到了冬季，他们会上岸避寒，如此便在北极地区建起了第一批捕鲸人的营地。因纽特人也常为他们服务，担任向导。

地磁极和地理极

指南针由于异名磁极相吸，其一端指向地磁北极，一端指向地磁南极。事实上，由于地核运动，地磁极的位置每年都会发生变化。而地理极则是地球自转轴的两端。

向北极出发

有很长一段时间，人们都不敢涉足北极这块危险的地方。一直在探索前往亚洲之路的欧洲人，开始尝试绕行美洲大陆最北端的路线。

公元 1609 年，英国人亨利·哈德逊（Henry Hudson）发现了今天的曼哈顿岛，并一直向北探险，到达北极圈附近。公元 1610 年，哈德逊继续北上，在加拿大沿岸发现了一个巨大的海湾（这个海湾如今以他的名字命名）。不久以后，哈德逊船队遇上冬季停航期，气候寒冷、食物短缺，哈德逊不得不与 8 名船员原地等待。后来船员叛变，哈德逊不幸遇害。公元 1725 年，俄国沙皇彼得大帝（Peter the Great）想确认俄国和美洲是否连在一起，于是他委派丹麦人维他斯·白令（Vitus Bering）前去探险，并最终发现了西伯利亚和阿拉斯加之间的白令海峡。6 年后，俄国人再一次展开大规模的探险活动，试图找到往北绕行到达东方的航线，然而途中船只经常撞上浮冰，旅途并不顺利。

人类往北探险的目标很快就变成了找寻地理上的北极。公元 1893 年，挪威人弗里乔夫·南森（Fridtjof Nansen）建造了一艘外壳呈球形的船——"弗雷姆号"，这艘船能够很好地抵抗来自浮冰的阻力。"弗雷姆号"穿过白令海峡后遇阻，南森只好带着皮艇和雪橇离船，继续前行。然而浮冰还是挡住了他前进的脚步，公元 1896 年，南森折返法兰士约瑟夫地群岛，最终没能到达北极。

公元 1898 年，美国人罗伯特·皮尔里（Robert Peary）和弗雷德里克·库克（Frederick Cook）接过探索北极的接力棒，并展开了一场激烈的竞争。公元 1908 年，库克率先带领一群因纽特人和百余只狗乘雪橇出发。皮尔里先是乘船出发，遇到浮冰的阻挡后，和助手及 4 名因纽特人一起改为徒步前行。根据皮尔里的说法，他于公元 1909 年 4 月 6 日到达北极。而库克则声称自己在公元 1908 年 4 月 21 日就到了北极，他才是到达北极第一人，只是在返程的途中遇到了风雪，不得不就地停留了一段时间。两人之间的争论一度变得十分激烈，后来美国政府裁定皮尔里获胜，不过依然有人对此表示质疑。

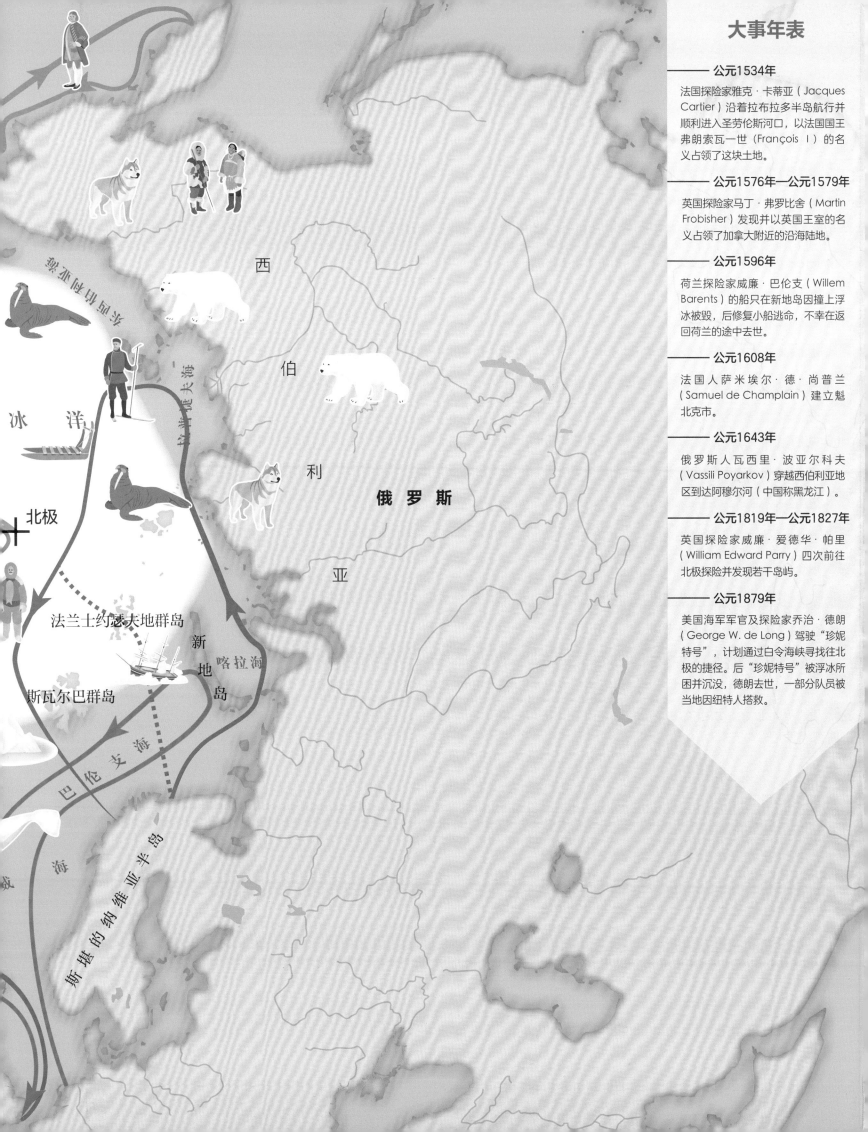

西

伯

利

亚

俄罗斯

冰洋

北极

法兰士约瑟夫地群岛

新地岛

喀拉海

斯瓦尔巴群岛

巴伦支海

斯堪的纳维亚半岛

北 美 洲

加 勒 比 海

巴拿马

委内瑞拉

南 美 洲

基多

瓜亚基尔

马瑙斯

亚 马 孙 河

秘鲁

利马

马丘比丘

库斯科

玻利维亚

太 平 洋

智

利

人们还用木头和藤条做成木筏来运送人、食物和各种工具。这种木筏能很好地抵御湍急的水流和漩涡，但因为没有船舵，往往很难操控。

"女战士之地"

亚马孙河是世界上流量最大的河流，流经的热带雨林也因此被命名为亚马孙雨林。在希腊神话中，亚马孙人是一群由女王领导的让人闻风丧胆的女战士。她们跨上马匹，以弓箭为武器作战。弗朗西斯科·德·奥雷利亚纳在返程后曾回忆道：他的探险队曾经遭到当地女性土著的攻击。

"绿色地狱"

亚马孙雨林就像一个巨大的绿色迷宫，面积约 550 万平方千米。雨林里树木高耸，最高的可达 30—40 米，树叶间只能透过微弱的阳光。探险家们沿着河流前行，但有时为了躲避急流，他们不得不穿越藏有上百万种昆虫的树林！在亚马孙地区，危险无处不在：蜈蚣、狼蛛、蛇和箭毒蛙都会分泌剧毒的液体，食人鲳和凯门鳄在河流中来回穿梭，蚊虫传播着各种致命的疾病。除此之外，探险家们还十分惧怕遭到当地土著的攻击。有许多人都在这片"绿色地狱"中丧失意识甚至丢掉性命！

人间乐土

约公元 1540 年，一些传说在西班牙探险家中流传，并勾起了他们的种种遐想。传说中印第安人会向他们遇到的外国人赠送黄金。每年他们会举办传统仪式：部落首领全身撒满金粉，臣民们向湖中投掷宝石敬献上苍——这样的传说刺激着探险者们前往美洲探险，寻找梦想中的宝藏。

雨林中的居民

在亚马孙雨林深处，居住着数量可观的土著。他们以捕鱼、采摘果实为生，居住在河边的茅草屋里或树上。

"这些印第安人非常擅长制作一种长吹管，这是他们日常狩猎最常用的武器。他们用棕榈木制成小箭，还在软管中填充上由棉花制成的软垫。他们能够在距离三四十步的地方射出，几乎百发百中……他们还把箭头放在毒液中浸泡，刚制成的毒箭一旦刺伤动物，不到一分钟便能将其毒死。"

——《沿南美洲亚马孙河游记：从南海岸到秘鲁、圭亚那沿岸》
查理·拉·康达明（Charles-Marie de La Condamine），
公元 1745 年

当一个地方的食物开始短缺时，他们便会转移住处。有一些部落会烧荒开垦，自己种植作物。而砍伐森林、修建公路、开采矿藏，都给当地土著的日常生活造成威胁。有一部分土著已经移居城市，学着适应现代化的生活。

远离尘世的部落

近年来，越来越多的原始部落被发现，他们与现代社会从未有过联系。当这些部落居民发现有飞机或直升机接近时，他们会投射飞箭。致力于保护印第安人的社会组织倡议大家不要打扰这些部落平静的生活。

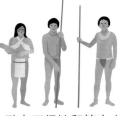

探险进行时

公元 2015 年 7 月，一支由法国国家科学研究中心学者、军人、巴西当地向导和摄影记者组成的队伍，出发前往亚马孙雨林，徒步 384 千米。此次探险行动有两个目的：一是确定圭亚那和巴西之间的国界，二是进行科学考察。

在河流上航行

在亚马孙地区，乘船在河流上航行往往比在雨林植被里穿行要安全。在雨林中，各种各样的树藤、泥沼、昆虫会阻碍人们前进的步伐。探险家们会使用独木舟航行，舟上有棕榈叶制成的顶棚，可用来遮雨。

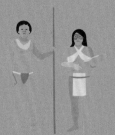

置身亚马孙雨林

很长一段时间，即便是最大胆的探险家，也会对世界上最大的热带雨林——亚马孙雨林保持着敬畏之心。进入雨林最简单的方式，就是乘独木舟沿河而入。然而这些河流本身就危机四伏：浅滩、急流、野生动物……而当地的印第安人，由于其先辈在公元15世纪末惨遭来自西班牙和葡萄牙的殖民者屠杀，所以对那些试图登上美洲大陆西海岸的探险家始终保持着警惕和敌对态度。公元1541年，西班牙人弗朗西斯科·德·奥雷利亚纳（Francisco de Orellana）从基多出发，想要寻找黄金和一种珍贵的香料：肉桂。他用一年半时间在雨林中跋涉了4 800千米，到达亚马孙河口并在那里建立了殖民地，最后中毒箭身亡。公元18世纪，该地开始兴起采集橡胶和伐木等活动。

公元1909年，负责修建电报线路的巴西军官坎迪多·龙东（Cândido Rondon）考察了巴西、玻利维亚和秘鲁的许多偏远地区。在探险的过程中，他记录下了许多河流的走向，为日后地图的绘制奠定了基础。坎迪多·龙东还与当地土著建立了友好关系，并让他们也参与到自己的工作中来。公元1910年，他致力于创建保护印第安人组织（SPI）。

公元1912年，西奥多·罗斯福（Theodore Roosevelt）在美国总统竞选中落选后，与龙东结盟前往亚马孙地区探险。由龙东担任队长的"罗斯福—龙东"科学探险队共有19人参加，其中包括罗斯福、罗斯福的儿子、若干名脚夫和其他学者。他们沿着一条河涉水前行，这条河后被命名为罗斯福河。湍急的水流和漩涡常常让这些探险者被迫扛起独木舟绕过险滩继续前行。在探险途中，罗斯福差点死于疟疾，他的儿子差点被淹死，有3名队员丢了性命。饥饿、消瘦、高烧、伤口感染……这些探险者历经了种种磨难，幸存的人在4个月后到达马瑙斯市。尽管他们没有取得很多科研成果，但此行促进了世界其他地区对亚马孙地区的了解。

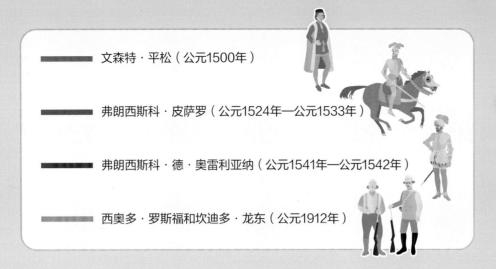

文森特·平松（公元1500年）

弗朗西斯科·皮萨罗（公元1524年—公元1533年）

弗朗西斯科·德·奥雷利亚纳（公元1541年—公元1542年）

西奥多·罗斯福和坎迪多·龙东（公元1912年）

马卡帕

贝伦

巴西

大　西　洋

南 美 洲

德雷克海峡

威德尔海

南 极 半 岛

龙尼冰架

别林斯高晋海

阿蒙森海

玛丽·伯德地

南 大 洋

罗 其

詹姆斯·库克（公元1773年）

迪蒙·迪维尔（公元1838年—公元1840年）

詹姆斯·克拉克·罗斯（公元1840年）

罗伯特·斯科特（公元1911年）

罗尔德·阿蒙森（公元1911年—公元1912年）

在南极过冬

当欧洲正值炎炎夏季的时候，南极洲正值寒冷的冬季。在那里过冬必须忍受持久的黑暗、寒冷和暴风雪……好些探险者被迫在船上或是临时搭建的简易帐篷里熬过冬天，他们的食物主要有罐头、干肉饼（由腌过的咸肉和浆果糅合制成）、饼干，有时探险者们也会捕猎海豹和鲸来补充营养。人们利用海豹身上的油脂来取暖、做饭。他们还在冰上为雪橇犬搭建狗窝！

"船上的每个人都做好了面对一切突发事件的准备，但我们的生活、工作和娱乐，一切如常。我们在这艘被浮冰围困的船上有很多事情可以做：和狗儿们赛跑，在冰面上展开激烈的曲棍球和足球比赛。这些活动让我们精神依旧。"

——《持久号》

欧内斯特·沙克尔顿，公元 1914 年—公元 1917 年

"持久号"的史诗

公元 1914 年，欧内斯特·沙克尔顿（Ernest Shackleton）带领一支英国探险队准备横越南极大陆，但他的船"持久号"在威德尔海面被浮冰围困并毁坏。船员们在一处被戏称为"海上营地"的浮冰上安顿下来，后来又换到了另一处更加安稳的浮冰上。6 个月后，浮冰融化，船员们乘救生艇来到一处荒无人烟的小岛上。一部分身体状况不佳的船员被留在岛上待命，其他人则继续前行寻求救助，一直到达南乔治亚岛，在那里他们终于得到了援助。最后所有船员都活了下来！

南极条约

公元 1959 年，12 个国家签署了《南极条约》，共同声明南极大陆是"和平科考之地"，不属于任何国家所有。本着和平与合作的宗旨，南极大陆上建立起一批科学考察站，并禁止进行军事活动和处理核废料。公元 1991 年，《南极条约环境保护议定书》通过，明文规定公元 2041 年之前禁止在南极地区开采石油和矿产资源。

法国人在南极

公元 1947 年，法国成立极地探险队（EPF），由保罗·埃米尔·维克多（Paul-Émile Victor）带领。当时的维克多已经因多次极地探险而闻名。三位登山运动员雅克·安德烈·马丁（Jacques-André Martin）、罗伯特·波米耶（Robert Pommier）和伊夫·瓦莱特（Yves Vallette）希望能够得到他的帮助，组织一次南极探险。他们在南极逗留了一段时间，并在阿德利兰建立了法属营地。公元 1950 年，他们在阿德利兰建立了法国第一个科学考察站；6 年后，又建立了迪蒙·迪维尔站和康宏站。

探险进行时

公元 1989 年，南极考察队第一次采用越野徒步和滑雪相结合的方法穿越南极。他们此行的目的，是让公众意识到保护南极的必要性。该考察队由 6 名探险队员组成，他们分别是美国人维尔·斯蒂格（Will Steger）、俄罗斯人维克多·巴雅夫斯基（Viktor Boyarsky）、英国人杰夫·萨莫斯（Geoff Sumer）、法国人让 - 路易斯·艾蒂安（Jean-Louis Étienne）、日本人舟津圭三（Keizo Funatsu）和中国人秦大河。他们共花了 219 天的时间，走了 6 300 多千米的路程。所有物资都由雪橇犬运载，全程没有使用任何机械设备。

在冰上航行

在南极洲航行，对于船员来说最大的危险便是浮冰群。浮冰群由冰架上断裂出来的冰块组成，随着季节的变化而变化。夏天的时候，破冰船可以将浮冰碾碎，在冰缝中开辟出一条航道；而在冬天，海水表面结冰连成一块，船被包围起来，还有可能会被冰块损毁。

向南极出发

公元 17 世纪，尽管人们对南极洲一直保持着强烈的好奇心，但始终无人涉足。这块位于地球南半球尽头的大陆，四周围绕着波涛汹涌的大洋，那里的浮冰足足有一个城市那么大……南极洲人迹罕至，没有人会选择在这里定居。公元 1773 年，英国人詹姆斯·库克前往南极大陆，花了两年时间绕南极洲一圈，但始终未能跨过冰层的阻挡。

公元 1840 年，法国人迪蒙·迪维尔登陆阿德利兰周边小岛。地磁北极的发现者，英国人詹姆斯·克拉克·罗斯也很想到南极大陆探险，他穿越了罗斯海，用自己船的名字来命名他发现的两座火山——埃里伯斯火山和特罗尔火山。

直到公元 20 世纪，在英国人罗伯特·斯科特（Robert Scott）和挪威人罗尔德·阿蒙森（Roald Amundsen）激烈的探险竞争中，人类才算第一次到达南极。他们穿越浮冰，到达罗斯海，于公元 1911 年在南极大陆各自建立营地，在那个气温低至零下 60 摄氏度的地方，度过了一个极其艰难的冬天。

公元 1911 年 10 月 20 日，阿蒙森带领着由 4 名队员和 52 只雪橇犬组成的探险队出发，他们跨过冰川，于 12 月 14 日到达南极点。阿蒙森还给斯科特留下了一些物资，并留言说："献上我最美好的祝愿，祝你平安归来！"

同年 11 月 1 日，斯科特带领 15 人组成的队伍从营地出发。他们被暴风雪围困了 5 天，无法前行。食物越来越少，为了保证返程途中有食物可吃，他们不得不宰杀雪橇犬和马匹。有些人被迫返回，队伍人数骤减至 5 人。他们最终在公元 1912 年 1 月 17 日到达南极点，比阿蒙森晚了 1 个多月。队员们都十分沮丧，筋疲力尽的他们只好悻悻而归。在返程途中，有人失足身亡，还有人被冻死。暴风雪再次袭来，斯科特和其他 2 名队员蜷缩在帐篷里避难。1 年后，人们才找到他们早已冻僵的尸体，和一本诉说着他们苦难旅程的日记……

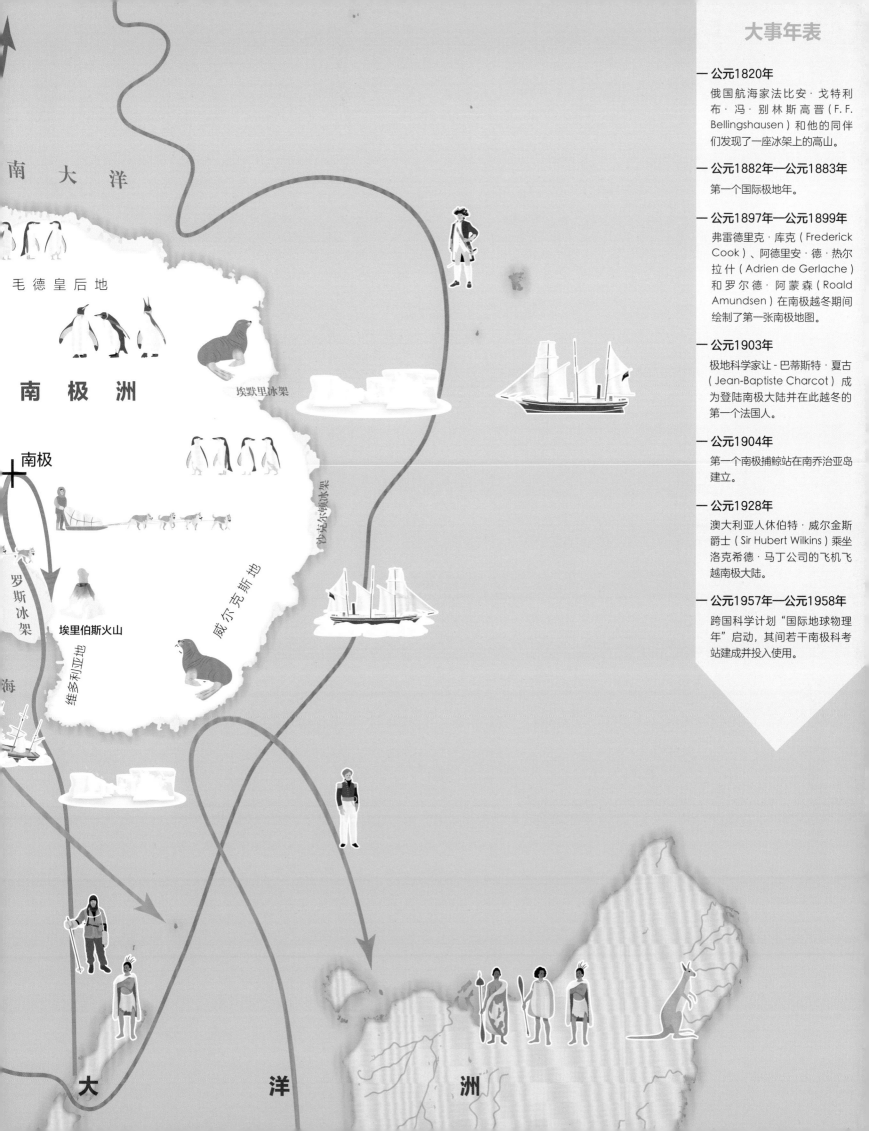

南 大 洋

毛德皇后地

南 极 洲

埃默里冰架

南极

罗斯冰架

埃里伯斯火山

维多利亚地

威尔克斯地

沙克尔顿冰架

海

大 洋 洲

大事年表

— 公元1820年

俄国航海家法比安·戈特利布·冯·别林斯高晋（F. F. Bellingshausen）和他的同伴们发现了一座冰架上的高山。

— 公元1882年—公元1883年

第一个国际极地年。

— 公元1897年—公元1899年

弗雷德里克·库克（Frederick Cook）、阿德里安·德·热尔拉什（Adrien de Gerlache）和罗尔德·阿蒙森（Roald Amundsen）在南极越冬期间绘制了第一张南极地图。

— 公元1903年

极地科学家让 - 巴蒂斯特·夏古（Jean-Baptiste Charcot）成为登陆南极大陆并在此越冬的第一个法国人。

— 公元1904年

第一个南极捕鲸站在南乔治亚岛建立。

— 公元1928年

澳大利亚人休伯特·威尔金斯爵士（Sir Hubert Wilkins）乘坐洛克希德·马丁公司的飞机飞越南极大陆。

— 公元1957年—公元1958年

跨国科学计划"国际地球物理年"启动，其间若干南极科考站建成并投入使用。

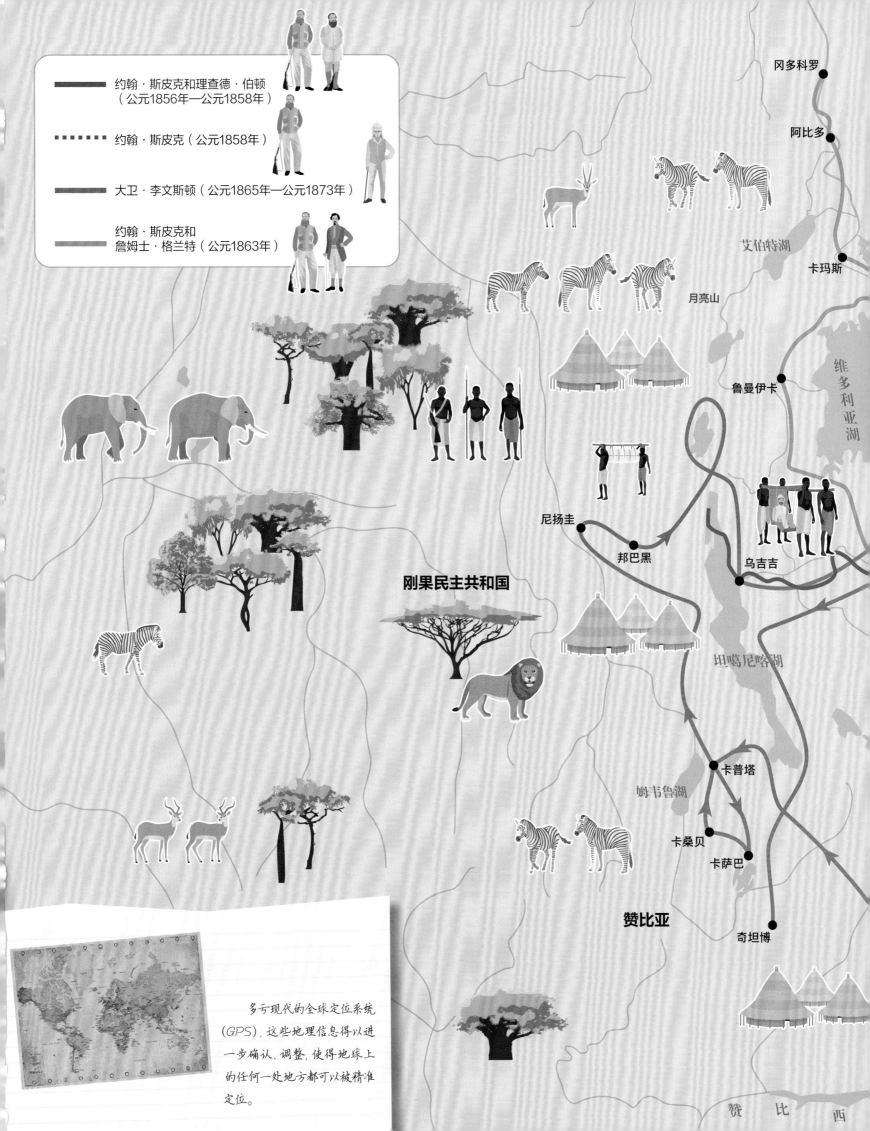

冈多科罗

阿比多

艾伯特湖

卡玛斯

月亮山

维多利亚湖

鲁曼伊卡

尼扬圭

邦巴黑

乌吉吉

刚果民主共和国

坦噶尼喀湖

姆韦鲁湖

卡普塔

卡桑贝

卡萨巴

赞比亚

奇坦博

多亏现代的全球定位系统（GPS），这些地理信息得以进一步确认、调整，使得地球上的任何一处地方都可以被精准定位。

赞 比 西

维多利亚湖

尼罗河流经埃及、苏丹、坦桑尼亚、乌干达、卢旺达和布隆迪等国家，总长约 6 670 千米（存有争议）。尼罗河的支流之一白尼罗河，其水源便来自维多利亚湖。英国探险家约翰·斯皮克以英国女王维多利亚的名字命名该湖泊。这是非洲面积最大的湖泊，表面积约 69 000 平方千米，湖岸线长约 3 220 千米。多条河流汇入其中，如卡盖拉河等。

记者史丹利

记者亨利·莫顿·史丹利供职于美国一家权威报刊《纽约先驱报》。公元 1871 年，在找到李文斯顿之后，他继续前往非洲中部地区探险。他的探险队员们在维多利亚湖会合后，继续深入丛林沿刚果河顺流而下。途中有队员与当地部落产生冲突，还得忍饥挨饿，备受疟疾等热带疾病的折磨，有三分之二的队员相继死亡。

危机四伏

在非洲探险的过程中往往要面对许多困难甚至危机：当地人的袭击和抢劫，无法饮用的水源，传播疾病的蚊虫，以及疲惫不堪、想要逃跑回家的脚夫们。斯皮克在用刀子试图将钻进耳朵的金龟子掏出来时不幸受了伤，后来眼睛又出了问题，导致间歇性失明。和他同行的伯顿，由于一只脚受伤感染，只能靠人抬着前行。

"我转过头来，看到一只黄褐色的动物拖着步子向我们靠近……'这是什么？'我问道。'一只狮子，主人。'我们立即趴在地上，给枪装上子弹……然后自信满满地等待着狮子靠近。当狮子走到距离我们约三百步远的时候，仿佛受到了惊吓，猛地一跃后停了下来。它踱着步子绕着走，突然一个转身，小跑着钻进了远处的密林中。"

——《穿过黑暗大陆》

亨利·莫顿·史丹利，公元 1879 年

黑奴贸易：可耻的交易

在第一批欧洲人前往非洲探险的时候，黑奴贸易就已经存在了。自古以来，当地的酋长、国王会与来自阿拉伯等亚洲地区的商人进行黑奴贸易。随着美洲大陆的发现，黑奴贸易的规模又达到了一个新的高度。为了开垦新的土地，数百万的非洲黑人被当作奴隶运往美洲。这种可耻的交易让人贩子们的口袋鼓了起来，也给美洲的种植园园主提供了几乎免费的劳动力。直到公元 18 世纪以后，才有国家陆续禁止黑奴贸易。

探险进行时

公元 2005 年，新西兰人卡姆·麦克里（Cam McLeay）、加思·麦克因泰尔（Garth MacIntyre）和英国人尼尔·麦克格里格（Neil McGrigor）乘坐橡皮艇沿尼罗河逆流而上。在前往卢旺达的途中，他们遇到鳄鱼袭击和急流，还有一人在当地暴动中丧生。最终，他们在一处海拔 2 428 米的地方发现了一个淤泥洞口，其中有水流涌出。这便是尼罗河最初的源头。

地理学

世界上最早的地理学会成立于公元 1821 年的法国，其汇集了当时世界上知名的地理学家。他们根据探险家的各种发现来绘制地图，对探索过的地区加以描述。这些关于地形、河流、植被、物种、族群、风俗的记录有助于我们认识世界。

溯源尼罗河

非洲有着数不清的族群和彼此敌对的部落，对于欧洲人来说，那里一直是片未知之地。想要在这片自然环境恶劣、语言又不相通的大陆上探险，肯定充满难度。

然而尼罗河——这条非洲第一长河激发了地理学家们探索的好奇心。它的源头究竟在哪里？真的像古希腊地理学家托勒密（Ptolemy）所说的那样，发源于月亮山吗？

公元19世纪，英国王室宣布，谁能探清这一难题，谁便能获得荣耀与富贵。许多探险家由此开始了对尼罗河的探险。公元1853年，英国人理查德·伯顿（Richard Burton）和约翰·斯皮克（John Speke）开始第一次尝试，却因中途遭遇游牧部族的袭击而不得不放弃。公元1858年，他们开始第二次探险，这次他们到达了坦噶尼喀湖。然而伯顿病倒了，斯皮克只好独自一人继续前行，直到抵达维多利亚湖，他认为这里就是尼罗河的源头。此前他跟伯顿承诺，要两人一起公布有关尼罗河源头的新发现。可是回到英国以后，斯皮克没有遵守诺言，单独向公众宣布了这一发现。伯顿感觉自己遭到了背叛，于是提出质疑：这真的是尼罗河的源头吗？一年后，斯皮克在英国去世，对于别人的质疑，他没办法去回应，只能让时间来证明他说的是对的。

公元1865年，肩负任务的英国探险家大卫·李文斯顿（David Livingstone）踏上了前往非洲的旅程。旅途很艰难，身患疾病的他在坦噶尼喀湖畔停了下来，从此再无消息。后来，《纽约先驱报》记者，美国人亨利·莫顿·史丹利（Henry Morton Stanley）找到了他，并说了一句相当著名的话："我猜你就是李文斯顿博士？"

这些探险家后来都编写了关于非洲之行的著作，以便后人能够更好地了解非洲这片大陆。

图尔卡纳湖

肯尼亚

里彭瀑布

肯尼亚山

恩贾加比

塔波拉

蒙巴萨

桑给巴尔

巴加莫约

坦桑尼亚

马拉维湖

米金达尼

印 度 洋

大事年表

——— 公元1788年

非洲内陆探险促进协会在伦敦成立，致力于非洲内陆勘探考察。

——— 公元1790年

英国人詹姆斯·布鲁斯（James Bruce）发表《尼罗河源头游记》。

——— 公元1795年

英国人蒙哥·帕克（Mungo Park）前往西非探索尼日尔河河口。

——— 公元1828年

法国人勒内·卡耶（René Caillé）是第一个到达通布图的西方人。

——— 公元1853年

德国人海因里希·巴尔特（Heinrich Barth）和图阿雷格人（Tuareg people）一起研究公元17世纪非洲人的手稿。

——— 公元1862年

英国人塞缪尔·贝克（Samuel Baker）沿尼罗河溯源而上，发现了艾伯特湖，并证实了尼罗河流经该湖。

——— 公元1873年

英国人维恩·洛维特·卡梅伦（Verney Lovett Cameron）探索坦噶尼喀湖及刚果河支流。

大事年表

公元1775年

美国人大卫·布什奈尔（David Bushnell）发明了一艘可单人操纵的潜水器，底部配有螺旋桨和空气储存舱，命名为"海龟号"。

公元1829年

德国人奥古斯特·西比（Auguste Siebe）设计了一款潜水服，包括一个头盔和皮制的连体服，这种潜水服能让人潜至水下30米。

公元1877年—公元1891年

海洋生物学家亚历山大·阿格赛兹（Alexander Agassiz）乘坐"信天翁号"和"布莱克号"潜水器发现了海底山脉的存在，也就是海岭。

公元1934年

美国人威廉·毕比（William Beebe）和奥蒂斯·巴顿（Otis Barton）发明球形潜水器，在百慕大附近海域下潜至900多米处，创当时世界纪录。

北

大

西

北 美 洲

南 美 洲

太 平 洋

洋

公元1873年

公元1876年

公元1872年

公元1873年

公元1875年

公元1873年

为了承受水下逐渐增大的压力，潜水器的船体材料会选用非常坚硬的金属。一艘潜水器能够容纳多少体积的空气决定了它在水下航行的时间。

地球上的最深处

"的里雅斯特号"是由瑞士物理学家奥古斯特·皮卡德（Auguste Piccard）构思设计的深海潜水器。公元1960年，他的儿子雅克·皮卡德（Jacques Piccard）和美国海洋学家唐纳德·沃尔什（Don Walsh）登上"的里雅斯特号"，第一次到达位于菲律宾东北附近海域的马里亚纳海沟，深达10 916米！他们还在那里发现了鱼和红虾，证实了在地球的最深处依然有生命存在。

海底绿洲

公元1977年，在墨西哥海岸，科学家们透过"阿尔文号"深海潜艇的舷窗，在2 500多米深的海底发现了一片"生命绿洲"。海底地壳裂口处的一些矿物质堆积成烟囱状喷口，不停地喷出温度高达350摄氏度的热液。他们还发现了一簇簇由巨型白身紫斑的海底昆虫聚集而成的"灌木丛"，四周有大量的贝壳、白蟹以及如幽灵一般苍白的鱼。这是人类第一次发现可以不依赖阳光而生存的自然环境。这是人类科考史上的重要突破！

"地球队长"库斯托

公元1942年，法国海军军官雅克-伊夫·库斯托（Jacques-Yves Cousteau）和工程师埃米尔·加尼昂（Émile Gagnan）共同发明了水下呼吸装置——水肺。这是人类开启伟大海底探险的关键一步。作为探险家、潜水员和电影制作人，库斯托乘坐"卡利普索号"游船探索了众多海域，船上配备有水下观察室、潜水钟和一架直升机。他还拍摄了海洋纪录片，公元1956年，他的第一部深海题材纪录片《沉默的世界》在世界上引起了极大轰动。库斯托一生拍摄了数十部海洋纪录片，他把毕生精力都投入到保护海洋的工作中，人们尊称这位爱戴红帽子的老人为"地球队长"。

"我们在佛得角的普拉亚海域潜入水中，一片阴影在我们头上涌来。我以为在另一个世界里也会有云朵飘在蓝色的天空上。然而杜马斯大叫一声，用手指向上方让我看。在我们的正上方，游过一只巨大的蝠鲼，它的翼状胸鳍展开后足足有6—7米长，遮住了我们头顶的阳光。它不是在奋力地游泳，而是在水中安静地滑行……这个不可思议的生物只和我们共处了一小会儿……这个海里的魔王迅速地加快了滑行的速度，消失在海中。"

——《沉默的世界》

雅克-伊夫·库斯托，公元1956年

博学的亲王

公元1873年至公元1911年，摩纳哥亲王阿尔贝一世（Albert I，Prince of Monaco）下令建造了四艘海洋考察船，并将其命名为"燕子一号""燕子二号""爱丽丝公主一号"和"爱丽丝公主二号"。他发明了数种用于捕捉深海动物的装置，被人们称为"博学的亲王"。他还研究大西洋的洋流，捕获了一条生活在水下6 000多米深处的鱼；此外，他还在摩纳哥和巴黎建立了两个海洋学研究机构。

"泰坦尼克号"的探险

公元1912年，"泰坦尼克号"在纽芬兰海域与一座冰山相撞后沉没，1 500多人在这次海难中丧生。公元1985年，美国人罗伯特·巴拉德（Robert Ballard）在水下约3.81千米深处找到了沉船的遗骸。第二年，"阿尔文号"和"鹦鹉螺号"潜水器到此考察。随后的数次打捞工作，带回来数千件物品和图像资料，见证了这艘巨轮的最后时光。至今，"泰坦尼克号"依然是人类航海史上重要的历史事件。

探险进行时

不少国家都拥有各种用途不一的潜水器，譬如美国的"阿尔文号"、法国的"诺第留斯号"和中国的"蛟龙号"。如今，科学家们越来越多地在水上遥控机器人去执行考察任务，从深海中提取实验标本。

潜水器是如何工作的？

要潜入水下，潜水器首先要往其压载舱内注满水。当它的压载舱被灌满了水，质量达到最大时，根据阿基米德定律，它便开始下沉。等潜水器需要上浮时，再逐渐往压载舱内注入空气，将水排空。

揭开深海之谜

人类对深海的探索一直持续至今，在长达好几个世纪的探索史中，不断涌现出非凡的发明、勇敢的冒险故事和辉煌的成就。

公元前 325 年，马其顿国王亚历山大大帝（Alexander the Great）乘坐一个裹着驴皮的木桶潜入水中，成为历史上第一个潜水的人。随后人类开始构思和设计各式各样的潜水设备，从潜水服到潜水钟。公元 1535 年，人类构思出一种外形像金属箱子的潜水器，里面能够储存一些空气，让人类在水下能呼吸几分钟。

然而这些设备只能让人类潜到水下几米的深度。为了探索更深的海底，科学家们还用各种工具到海底去"搜寻"一番，经常打捞起一些奇怪的生物，供自然学家们继续研究。

公元 1872 年，英国派出一支探险队，乘坐英国皇家海洋考察船"挑战者号"开启了第一次大规模的海洋科考之旅。这艘大船长约 68 米，配备蒸汽发动机。"挑战者号"用 3 年多时间走遍了世界上的各个大洋，总行程约 127 500 千米。科学家们在威维尔·汤姆森（Wyville Thomson）的带领下，从海里采集实验样本，并在船上配备的实验室里展开研究。他们研究分析海水的特性（如化学构成、水温等），以及海底的多种矿物质。为了研究海底的地形，他们进行了近 500 次的海底探测，最深的一次达到水下 8 180 千米。这次科考之旅还新发现了 4 417 种海洋生物。

为了研究分析"挑战者号"搜集回来的大量数据，70 名科学家足足花了 23 年的时间。而他们的研究成果，共整理编辑出 50 卷著作！

了解海底世界，对于认识地球、气候、环境以及各种生命有着重要的意义。直到今天，人类也只掌握了 15% 的海底地形图，海底仍有许多未知的海洋生物。辽阔的海底世界，正等待着人类继续探索。

水　　洋

公元1951年

丹麦组织了一支科学考察队探索海底。科学家们乘坐"加拉西亚号"，潜入菲律宾及爪哇岛海域里深达 10 000 多米的海沟。

公元1971年—公元1974年

"阿尔文号"潜水器执行法美联合大洋中部海下研究计划（FAMOUS，简称"法摩斯计划"）的科学考察任务，潜入大西洋深处。

公元1985年

代号"Kaiko"的法日联合科考计划对日本海底深部断层进行研究。

"挑战者号"探险路线（公元1872年—公元1876年）

公元1874年

欧　洲

亚　　洲

非　洲

太　平　洋

印　度　洋

大　洋　洲

公元1874年

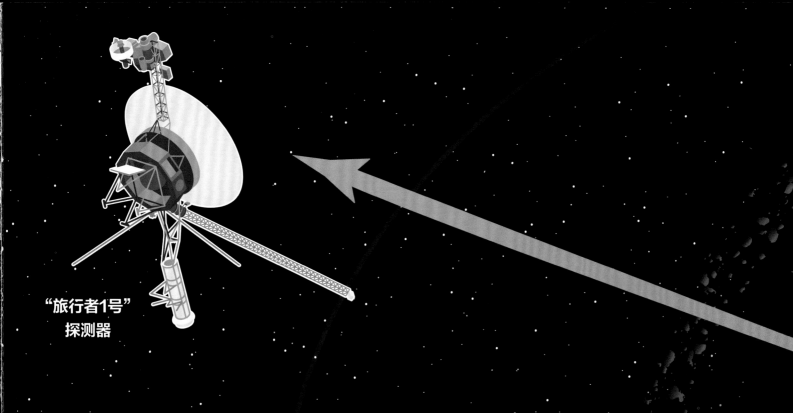

"旅行者1号"
探测器

星际空间

奥尔特云

日球顶层：
太阳风遭遇到星际介质
而停滞的边界

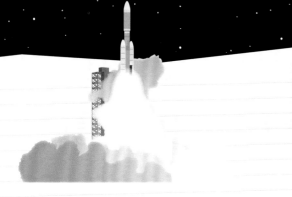

人类运用火箭将卫星送上运行轨道，将宇航员送往空间站，将空间探测器发射升空。

大事年表

公元1957年	公元1961年5月5日	公元1969年7月21日
苏联发射人类第一颗人造卫星"斯普特尼克1号"。	美国人艾伦·谢泼德（Alan Shepard）乘坐"自由7号"绕行地球一周。	人类第一次登上月球。

"好奇号"火星探测器

惊人的发现

"旅行者1号"和"旅行者2号"让人类更好地了解了太阳系的行星及其卫星。它们发回了土星、天王星及海王星光环的照片。公元1979年，人们发现木星也是一个"自带光环"的行星，它的光环主要由尘埃组成。同时人们还发现，在木星的卫星木卫一上有频繁的火山活动。探测器还分析了这些行星大气层的化学组成，并向地球传输相关数据。

"探索宇宙空间对于未来社会发展具有重大意义。而我们宇航员便是空间的使者。我们从高处看到了地球污染、植被破坏等糟糕的情况。地球如同一艘宇宙飞船，我们应当好好地驾驶它。我们宇航员是为科技以及未来的人类服务的。"

——在世界宇航员大会上的讲话
让·弗朗索瓦·卡瓦略（Jean-François Clervoy），
公元2017年

空间传输

距离我们数十亿千米的空间探测器与地球之间的数据交流是通过无线电波来实现的。设在美国、西班牙、澳大利亚的3个空间观察站，配备了直径70米的抛物面卫星接收器来捕捉无线电波。如此一来，探测器便可以接收地球上发出的指令，通过传感器向地球传输收集到的数据。无线电波以光速（约每秒300 000千米）传播，然而探测器离我们实在太远了，数据传输到地球仍需要20多个小时！

来自人类的信息

如果"旅行者号"探测器被外星人发现了怎么办？为了给"他们"提供一些关于地球的信息，人们在探测器中放了一张特制光盘，里面刻录了一些音频和图像，内容包括太阳系的情况，一些大自然和人文风光的图片（如博物馆、中国的万里长城、联合国大楼等），还有一些来自地球的声音（如风声、心跳声、古典音乐，甚至还有给外星人的欢迎词……）

太空中有生命的存在吗？

这个问题已经困扰人类很久了。如果说，地球上存在的生命的必备条件（如水、空气、温度等）在别的星球上也能满足，那我们就可以大胆地猜测，太空中有可能存在其他的生命形式。空间站仍在研究太阳系的各大行星，包括地质结构、大气层的成分等，就是为了探寻其中是否有生命体存在的可能。如今，人类对外星生命的探索已经延展到了太阳系以外的星球，这项研究已经进行了快20年。

火星计划

公元1964年，经过长达7个多月的飞行，美国"水手4号"火星探测器成功到达火星，并向地球传回首批火星表面的照片。公元2003年，一枚欧洲探测器证实火星上存在固体形式的水。美国国家航空航天局一直计划着把人类送上火星。宇航员们在国际空间站中进行训练，测试人体在长时间失重状态下的各种反应。人类计划在公元2030年左右实现登陆火星的目标，而去往火星的这趟旅程，估计需要长达6个月的时间。

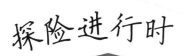
探险进行时

国际空间站目前位于距离地球约400千米的位置，并以每小时约28 000千米的速度运行。空间站里的宇航员们生活在失重状态下，为了避免水珠四散溢出，会饮用袋装水，并用湿巾进行日常清洁。他们在空间站里需要完成很多工作，为了锻炼肌肉他们也会做一些运动，还会透过舷窗欣赏地球。值得一提的是，他们每天都能看到16次日出和日落！

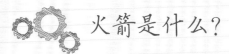 ## 火箭是什么？

在航空航天领域，火箭是一种由喷气式发动机推动前行的推进装置。火箭发射时，它的尾部会喷射出碳氢化合物燃烧产生的气体。一艘火箭往往由若干级构成，当一级燃料舱燃烧殆尽，下一级燃料舱便会启动运行，将火箭推送至更远的距离。

星际旅途

公元 20 世纪，人类终于实现了最疯狂的探险之旅：将人类送往太空。公元 1961 年，苏联宇航员尤里·加加林（Yuri Gagarin）开启了人类这一伟大时代：他第一次乘坐宇宙飞船，以每小时 27 400 千米的速度，用不到两个小时的时间绕行了地球一周！不久以后，美国人也完成了这一壮举。从此以后，人类开始了一次又一次的太空飞行，时间越来越长，距离也越来越远……

公元 1969 年 7 月 21 日，美国人尼尔·阿姆斯特朗（Neil Armstrong）、巴兹·奥尔德林（Buzz Aldrin）成功登月。阿姆斯特朗把美国国旗插在月球上，并向数百万在电视机前收看直播的人说道："这是我个人的一小步，却是人类的一大步！"不过把人类送往太空始终是一项成本和风险都很高的行动。人类发明的各种空间探测器，让我们能够更好地了解自己身处的太阳系，以及太阳系外更广阔的宇宙空间。

公元 1977 年，美国国家航空航天局先后发射了两枚探测器："旅行者 1 号"和"旅行者 2 号"。它们的任务是探测太阳系中的其他行星，收集数据以供后续研究。为了顺利完成飞行，两枚探测器都借助了行星引力的作用——当靠近行星附近时，探测器会被其引力捕获，从而改变运行方向。公元 2017 年，为了调整"旅行者 1 号"的运行轨道，科学家们重启了它的推进器，而此前它的推进器已经休眠了 37 年！

公元 2014 年，"旅行者 1 号"飞离太阳系，成为离地球最远的空间探测器。公元 2018 年年底，"旅行者 2 号"沿着不同的轨道进入星际空间，成为第二枚飞离太阳系的空间探测器。在这两枚探测器的电池耗尽之前，它们应该还能为人类不知疲倦地传输好几年的探测数据。在此之后，它们会继续自己的太空旅程，以每年十亿千米的速度前进，或许在 40 000 年后就能靠近它们的下一个目标……

日光层: 受太阳影响的区域

我们的太阳系

"旅行者1号" 探测器
运行轨道

公元 1971年

首个载人空间站 "礼炮 1 号"
由苏联发射升空。

公元1998年

国际空间站发射升空。

公元2012年

"好奇号" 火星探测器登陆火星表面,
开始收集、分析并传回有价值的数据。

公元2016年

"罗塞塔号" 是欧洲航天局的一枚彗星探测器,
它被放置在围绕彗星运行的轨道上。

附录 伟大的探险家

约200万年前 ▶ 直立人离开非洲大陆前往东方。

约公元前200 000年 ▶ 智人在各大洲聚居。

约公元前1478年 ▶ 古埃及法老哈特谢普苏特派人前往邦特之地。

约公元前600年 ▶ 法老尼科二世（Nekao Ⅱ）派遣腓尼基水手完成了第一次环绕非洲的航行。

约公元前500年 ▶ 康斯坦丁·昂蒂奥什（Constantin d'Antioche）发现红海和波斯湾。

约公元前400年 ▶ 希罗多特（Hérodote）沿尼罗河上行至第一个瀑布。

约公元前340年 ▶ 古希腊探险家皮西亚斯（Pythéas）穿越直布罗陀海峡发现北欧地区。

约公元900年 ▶ 波斯（今伊朗）探险家伊本·鲁斯塔（Ibn Rusta）前往俄罗斯诺夫哥罗德。

公元1271年—公元1295年 ▶ 马可·波罗前往中国。

公元1488年 ▶ 巴尔托洛梅乌·迪亚士成为到达非洲好望角的西方第一人，当时他把好望角称为"风暴角"。

公元1497年 ▶ 让·卡伯特（Jean Cabot）到达纽芬兰岛。

公元1498年 ▶ 葡萄牙航海家达·伽马成为绕过好望角到达印度的欧洲第一人。

公元1500年 ▶ 葡萄牙航海家皮多罗·阿伐尔·卡布罗（Pedro Alvarez Cabral）发现巴西。

公元1500年—公元1508年 ▶ 卢多维科·迭瓦科马（Ludovico de Verthema）成为拜访穆斯林圣地麦加的西方第一人。

公元1513年 ▶ 西班牙人瓦斯科·努涅斯·德·巴尔沃亚成为欧洲发现太平洋的第一人，随后他穿越太平洋到达美洲大陆。

公元1519年 ▶ 西班牙殖民者埃尔南·科尔斯特（Hernán Cortés）为国王查尔斯·昆特（Charles Quint）效力，征服了阿兹特克帝国。

公元1519年—公元1522年 ▶ 斐迪南·麦哲伦和胡安·塞巴斯蒂安·埃尔卡诺（Juan Sebastian Elcano）第一次完成环球旅行。

公元1534年—公元1535年 ▶ 法国圣马洛航海家雅克·卡蒂亚发现加拿大的圣劳伦斯河。

公元1603年 ▶ 法国人萨米埃尔·德·尚普兰（Samuel de Champlain）第一次在圣劳伦斯河上航行并建立了魁北克市。

公元1616年 ▶ 荷兰人雅各布·勒梅尔（Jacob le Maire）成为穿越合恩角的第一人，证实了火地岛并不是一片大陆。

公元1642年—公元1643年 ▶ 荷兰人阿贝尔·塔斯曼（Abel Tasman）发现了塔斯马尼亚岛、新西兰和斐济群岛。

公元1667年 ▶ 勒内·罗伯特·卡维莱和拉萨尔（René-Robert Cavelier, Sieur de La Salle）发现大湖区、密西西比州和得克萨斯州。

公元1673年—公元1691年 ▶ 英国人威廉·丹彼尔（William Dampier）第一次绘制出澳大利亚的地图。

公元1690年 ▶ 英国天文学家爱德蒙·哈雷（Edmund Halley）发明出潜水钟，能够潜入15米深的水下1小时15分钟。

公元1722年 ▶ 荷兰人雅各布·罗赫芬（Jacob Roggeveen）发现复活节岛。

公元1766年—公元1769年 ▶ 路易斯·安托万·德·布干维尔（Louis-Antoine de Bougainville）乘坐"生气号"，成为法国第一位完成环球航行的探险家。

公元1783年 ▶ 孟格菲兄弟（Joseph-Michel Montgolfier & Jacques-Étienne Montgolfier）在法国国王的面前将一只气球上升到了400米的高空。

公元1785年—公元1788年 ▶ 根据法王路易十四的要求，让·弗朗索瓦·德·拉佩鲁兹（Jean-François de La Pérouse）率领"指南针号"和"星盘号"再次进行环球考察。

公元1795年 ▶苏格兰探险家蒙哥·帕克发现非洲塞内加尔和尼日尔河。

公元1799年—公元1804年 ▶德国自然学家亚历山大·冯·洪堡发现奥里诺科河和安第斯山脉。

公元1804年—公元1806年 ▶刘易斯与克拉克首次远征（Lewis and Clark expedition），实现从大西洋沿岸到太平洋沿岸的跨越美国之旅。

公元1816年—公元1828年 ▶法国人勒内·卡耶穿越撒哈拉、塞内加尔和苏丹，到达通布图，成为第一个活着回到法国的人。

公元1831年—公元1836年 ▶英国人查理·达尔文（Charles Darwin）随贝格尔舰前往南美洲考察。

公元1878年—公元1882年 ▶皮埃尔·萨沃尼昂·德·布拉柴（Pierre Savorgnan de Brazza）探索非洲赤道地区及刚果。

公元1878年—公元1879年 ▶瑞典"维加号"第一次穿越东北航道。

公元1897年 ▶瑞士登山运动员马蒂阿斯·朱布里金（Matthias Zurbrifggen）登上安第斯山脉最高峰阿空加瓜山。

公元1905年 ▶法国医生、探险家让·巴普提斯特·夏科氏（Jean-Baptiste Charcot）探索南北极。

公元1924年 ▶法国人亚历山大·莉亚·大卫·妮尔（Alexandra David-Néel）成为欧洲旅居西藏拉萨第一人。

公元1927年 ▶航空先驱查尔斯·林德伯格（Charles Lindbergh）独自驾驶飞机穿越大西洋，从纽约飞到巴黎。

公元1932年 ▶瑞士人奥古斯特·皮卡尔（Auguste Piccard）乘坐同温层气球到达15 781米的高度。

公元1950年 ▶法国人莫里斯·赫尔佐格（Maurice Herzog）和路易斯·拉什纳尔（Louis Lachenal）登上安纳布尔峰，这是人类攀登上的第一座海拔超过8 000米的山峰。

公元1953年 ▶新西兰人埃德蒙·希拉里（Edmund Hillary）和尼泊尔人丹增·诺尔盖（Tenzing Norgay）登上地球海拔最高的山峰珠穆朗玛峰。

地球上的海洋

公元1991年，法国国家海洋中心（NAUSICAÁ）在滨海布洛涅市成立。它不仅仅是一个水族馆，还是一个探索发现海洋环境的展览中心，具有科研性质，寓教于乐。巨型水族馆、海底大发现以及巨幕上魔幻般的尖端技术，让人们可以尽情地畅想海洋世界。专业的解说、详尽的影音资料、丰富的展览和教学课程等，让人们可以尽情地学习，有所收获。法国国家海洋中心时刻提醒人们关注和爱护海洋及海洋生命，保护地球现有和未来的海洋资源。作为"为蓝色地球的未来而共同行动"的发起人和推动者，法国国家海洋中心将在海洋保护方面为人类提供全新视角。

Nausicaá